Die

Doctorpromotionen
der Chemiker.

Ein Vortrag

gehalten von

Dr. **Alex. Naumann,**

aufserordentlichem Professor der Chemie an der Universität Giefsen.

Giefsen.
J. Ricker'sche Buchhandlung.
1876.

1. Vorwort.

Zur Wahl des genannten Gegenstandes für einen mir der Reihenfolge nach obliegenden Vortrag im wissenschaftlich-geselligen Docentenverein zu Giefsen lag mehrfache Veranlassung vor. Zunächst hat die an's heilsame Licht der Oeffentlichkeit gebrachte Doctorfrage die Gemüther so stark erregt, dafs sogar die gesellschaftlichen Beziehungen nicht unbeeinflufst blieben. Dann sind bezüglich der Promotionsvorschriften für die philosophische Fakultät von Seiten der Senatsmajorität Abänderungsvorschläge gemacht worden, die ich für eine reformatio in pejus erklären mufs. Weiter begegnet man bezüglich der Beschaffbarkeit und des Werthes gedruckter Dissertationen sowie der Bedeutung öffentlicher mündlicher Prüfungen, auch mitunter da wo man es nicht erwarten sollte, so unverständigen Behauptungen, dafs das Bedürfnifs nahe liegt, unter Beschränkung auf das eigene Fach die Tragweite der vorgeschlagenen Sicherheitsmittel zu untersuchen, um so mehr als weitaus die meisten naturwissenschaftlichen Doctoranden Chemiker sind. Endlich glaubte ich, meine Meinung in einer auch für das Ansehen und die Entwicklung der Wissenschaft selbst bedeutungsvollen Frage zum Ausdruck bringen zu sollen, in der ich mich für vollkommen urtheilsberechtigt halten darf, in deren amtlicher Behandlung mir aber als aufserordentlichem Professor eine Mitwirkung nicht zusteht. Die gebotene enge Fassung meiner Aufgabe läfst auch bei der sachlichsten Erörterung das gelegentliche Durchschimmern persönlicher Verhältnisse nicht ganz vermeiden. Ich bedaure das, stelle aber die Sache höher als die zufällig mit ihr verbundenen Personen.

2. Gedruckte Dissertation.

Welchem Berufszweig ein Chemiker sich auch zuwenden mag, sei es dem Lehrfach, sei es der Technik, für jeden Zweck ergibt sich seine ausreichende Tüchtigkeit bei dem *innigen Zusammenhang der theoretischen und der technischen Chemie* erst durch die nachgewiesene Befähigung zu productiver wissenschaftlicher Leistung. Die namhaftesten Chemiker theilen diese Auffassung. So sagt Erlenmeyer[*], Professor der Chemie am Münchener Polytechnikum: „Keinen Praktikanten sollte man als fertigen Chemiker aus dem Laboratorium entlassen, bevor er nicht eine Untersuchung ausgeführt hat, welche eine bis dahin noch offene Frage der Chemie beantwortet, weil er

---

[*] Die Aufgabe des chemischen Unterrichts gegenüber den Anforderungen der Wissenschaft und Technik, Rede in der Akademie, München 1871, S. 22 u. 23.

sich erst damit als Forscher manifestirt und den Beweis liefert, dafs er das Ziel des chemischen Studiums errungen hat. In der angeführten Weise werden alle Praktikanten, gleichgiltig ob sie sich der Technik oder dem Lehrfach widmen wollen, ganz übereinstimmend unterrichtet und geleitet.... Ich sehe keinen Unterschied in den Aufgaben und Zielen des chemischen Unterrichts, ob er an der Universität oder an der polytechnischen Schule ertheilt wird ... ich sage hier wie dort allen jungen Leuten, welche sich zu technischen Chemikern ausbilden wollen: Bereiten Sie sich soweit vor, dafs Sie sich an einer Universität oder polytechnischen Schule als Privatdocent der wissenschaftlichen Chemie habilitiren können, dann werden Sie von jedem chemischen Fabrikanten als tüchtig vorbereitet für das Verständnifs und die Leitung der technisch-chemischen Processe anerkannt." Ferner drückte sich der verstorbene Berliner Physiker G. Magnus *) gelegentlich einer Feier zu Ehren des Chemikers A. W. Hofmann folgendermaafsen aus: „Die Arbeiten unseres Freundes beweisen in der That, welchen Nutzen die Technik aus rein wissenschaftlichen, man könnte sagen aus abstracten Untersuchungen zu ziehen im Stande ist. Die Industrie der Anilinfarben ist eine Tochter der theoretischen Chemie." Und A. W. Hofmann **) selbst antwortet später:

---

*) Berichte der deutschen chemischen Gesellschaft 1870, Anhang S. VI.
**) Daselbst S. XIX.

„Wenn die Industrie der Wissenschaft zu lebhaftem Danke verpflichtet ist, mit Zinsen, mit Wucher hat die Industrie die Schuld der Dankbarkeit zurückbezahlt. Die Industrie und die Wissenschaft sind unzertrennliche Gefährten geworden. Je mehr sich die eine an die andere anschliefst, um so gröfser ist der Nutzen für beide." Ich will es nicht unterlassen, auch Liebig's *) Worte anzuführen: „Ein wahrhaft wissenschaftlicher Unterricht soll fähig und empfänglich für alle und jede Anwendung machen, und mit der Kenntnifs der Grundsätze und Gesetze der Wissenschaft sind die Anwendungen leicht, sie ergeben sich von selbst." Lothar Meyer **), seither Professor der Chemie am Polytechnikum in Carlsruhe, jetzt an der Universität Tübingen, äufsert sich in gleichem Sinne folgenderweise: „Erst ganz allmählich brach sich auf den technischen Lehranstalten und im Publikum die Ansicht Bahn, dafs nur der zu einer möglichst erfolgreichen Anwendung der Wissenschaft auf die Praxis befähigt ist, der in der Wissenschaft selbst sich gründlich bewandert und heimisch gemacht hat."

Fabrikbesitzer pflegen bei der Engagirung von Chemikern nach *wissenschaftlichen* Arbeiten zu fragen, um versichert zu sein, dafs der Lenker der chemischen Processe bei dem raschen Fortschritt der Wissenschaft und Technik im Stande ist, erforderlichen

---

*) Ann. Chem. Pharm. XXXIV, 128.
**) Die Zukunft der deutschen Hochschulen und ihrer Vorbildungsanstalten, Breslau 1873, S. 20.

Falls selbst solche Bahnen zu betreten, die ihm während seiner Studienzeit auf der Universität noch nicht vorgezeichnet werden konnten. Für die sich oft wiederholenden praktischen chemischen Arbeiten, wie z. B. die analytischen Prüfungen von Rohmaterialien und Fabrikationsprodukten, welche kein eingehendes wissenschaftliches Verständnifs erfordern, pflegt man in chemischen Fabriken *gewöhnliche Arbeiter abzurichten.*

Wenn so die Forderung neuer Entdeckungen dem praktischen Bedürfnifs des Fabrikbesitzers entspricht, so ist sie andererseits auch nicht als eine überspannte zu bezeichnen gegenüber der Leistungsfähigkeit angehender Techniker. Die Chemie bietet nämlich der Aufgaben so viele und so nahe liegende, dafs es keinem Chemiker, der sich mit den bekannten Untersuchungsmethoden einigermaafsen vertraut gemacht hat und zu selbständigem folgerichtigem Denken auf dem Gebiete der wissenschaftlichen Chemie angeleitet worden ist, besondere Schwierigkeiten bereiten wird, eine druckwerthe Untersuchung durchzuführen. Tüchtige Chemiker thaten diefs ohnehin öfters, auch wenn für ihre Doctorprüfung eine solche Arbeit nicht verlangt wurde. Und wenn ein Chemiker nach Vollendung seiner Studien sich niemals an der Lösung einer wissenschaftlichen Aufgabe versucht hat, so glaubt auch der Fabrikbesitzer dessen gründliche Durchbildung und praktische Brauchbarkeit mit Recht bezweifeln zu dürfen.

In vorstehenden Erörterungen habe ich *die leichte Beschaffbarkeit einer chemischen Dissertation sowie* *deren Nothwendigkeit auch für den künftigen technischen Chemiker* dargelegt. Ich darf es um so eher unterlassen, noch den besonderen Nutzen einer eigenen wissenschaftlichen Forschung für die Durchbildung des Studirenden selbst hervorzuheben, als diefs in trefflicher Weise kürzlich von Philippi*) geschehen ist und die von verschiedenen Seiten gegen die gedruckten Dissertationen gebrachten Einwände neuerdings von Seiten Stade's**) schlagende Widerlegung gefunden haben.

Unterschleife bezüglich der einzureichenden Dissertation sind im Fache der Chemie kaum denkbar. Der Promovend wird unter normalen Verhältnissen an der Universität, deren Doctorgrad er erwerben will, einige Zeit studirt und im chemischen Laboratorium unter berathender Aufsicht eines Lehrers die für seine Dissertation erforderlichen praktischen Arbeiten ausgeführt haben. Etwa zugereiste Aspiranten lassen sich ebenfalls leicht kontrolliren. Wenn der Giefsener Landtagsabgeordnete***) in öffentlicher Sitzung der zweiten Kammer in einer oratio pro domo gegen die Dissertationen gesagt hat: „Der Prüfende könne unmöglich wissen, ob die Dissertation nicht eine Zu-

---

*) „Ueber die Reform der Doctorpromotion", eine akademische Rede gehalten von Dr. Adolf Philippi, Professor an der Universität Giefsen, 1876, S. 16.

**) „Die neuesten Stimmen über die Reform der Doctorpromotion", von Dr. B. Stade, in den „Grenzboten" 1876, II, S. 452.

***) Darmstädter Zeitung 1876, Sonntag 18. Juni, Nr. 167, S. 906.

sammenstellung anderer, insbesondere eine Uebersetzung nicht deutscher Werke sei, da die literarische Production so enorm sei", so müssen das wenig empfehlenswerthe Vorbilder von Examinatoren sein, an welchen er sich diese wunderliche Meinung gebildet hat. Wenigstens in den Naturwissenschaften pflegen die akademischen Lehrer, selbstverständlich nur insoweit sie überhaupt sich noch am Fortschritt der Wissenschaft betheiligen, ebensowohl die Arbeiten der Ausländer wie diejenigen der Inländer zu berücksichtigen, und ganz besonders gibt selbst für einen Examinator in Chemie, der über die Leistungen seines Fachs keinen Ueberblick mehr haben sollte, der internationale Jahresbericht für Chemie mit seinen ausführlichen alphabetischen Registern ein ausreichendes Mittel, um sich bezüglich früherer Publikationen über einen gewissen Gegenstand mit leichter Mühe zu unterrichten. Der Fall aber, dafs dem Promovenden ein Anderer eine noch ungedruckte Untersuchung freiwillig überlassen haben könnte, darf ganz aufser Acht bleiben. Eine druckwerthe chemische Arbeit möchte kaum zu bezahlen sein, und wer eine solche durchgeführt hat, wird seinen eigenen Namen damit schmücken. In den Berliner Bureaux, von deren Bestehen der Abgeordnete von Rabenau*) zu erzählen weifs, werden annehmbare chemische Dissertationen jedenfalls nicht gefertigt.

---

*) Darmstädter Zeitung 1876, Sonntag 18. Juni, Nr. 167, S. 906.

3. *Physik als obligatorisches Nebenfach.*

Die Chemie in ihrer heutigen Gestaltung hat sich wesentlich auf physikalischer *) Grundlage herausgebildet. Die Atomgewichte der Elemente sind die Grundsteine für alle chemischen Bauten. Dieselben sind festgestellt worden aus der Dampfdichte gasförmiger Verbindungen und der specifischen Wärme der Körper im starren Zustande. Wie armselig würde schon defshalb allein ein Chemiker dastehen, welcher über die Sicherheit der Grundlagen seiner Wissenschaft kein Urtheil hat, welcher keine Physik versteht. Dazu kommen aber noch die vielfachen Beziehungen zwischen chemischen und physikalischen Eigenschaften der Körper, deren Kenntnifs die Einsicht nicht nur vertieft, sondern sogar erleichtert und vereinfacht. Die Darlegung chemischer Verhältnisse von Seiten eines Chemikers, welcher nicht genügende Rücksicht auf die physikalischen Beziehungen nimmt, ist nicht nur inhaltsärmer, sondern auch unklarer und weniger leicht fafslich, weil es an der Erhebung auf einen Standpunkt gebricht, von dem aus sich die Gegenstände in allen ihren Beziehungen deutlicher

---

*) Vgl. z. B. „Die modernen Theorien der Chemie", von Lothar Meyer, Breslau 1872; „Allgemeine und physikalische Chemie", von Alex. Naumann, Heidelberg, besonders S. 1 bis 58, und „Grundrifs der Thermochemie", von Alex. Naumann, Braunschweig 1869, besonders S. 1 u. S. 150.

überblicken lassen. Es sind diefs Wahrheiten, deren Erkenntnifs sich kein wissenschaftlicher Chemiker entziehen kann. Auf die *hohe praktische Wichtigkeit* physikalischer Kenntnisse für den technischen Chemiker braucht wohl nicht eingehend hingewiesen zu werden. Nur sie geben den Schlüssel zum Verständnifs z. B. der Einrichtung von Feuerungsanlagen, der Thätigkeit von Maschinen u. s. w. Wenn trotzdem einem Doctoranden der Chemie in Giefsen auch *nach* den Abänderungsvorschlägen Physik *nicht* als obligatorisches Nebenfach geboten ist, sondern derselbe sich billiger mit einem anderen Fach abfinden kann, so deutet diefs auf ganz absonderliche Zustände.

4. Vorbildung.

Von je her haben die Lehrer der Chemie diejenigen Schüler vorgezogen, welche ein Gymnasium durchlaufen hatten. So sagt bekanntlich Liebig*): „Ich habe häufig gefunden, dafs Studirende, die von guten Gymnasien kommen, sehr bald die von Gewerb- und polytechnischen**) Schulen auch *in den Naturwissenschaften* weit hinter sich zurücklassen, selbst wenn die letzteren anfänglich im *Wissen* gegen die

---

*) „Chemische Briefe", 4. Aufl. 1859, Brief 50, S. 468.
**) Heutigentags dürfte das, was Liebig seinerzeit unter „polytechnischen Schulen" verstand, zutreffender mit dem Namen „Realschulen" belegt werden.

anderen wie Riesen gegen Zwerge waren." Lothar Meyer *) will sogar für die Gestattung des Besuchs einer Hochschule „die Forderung einer möglichst hohen Vorbildung wenigstens als allgemeine wenn auch nicht ausnahmslose Regel festhalten", da es durch vielfältige Erfahrung sattsam erwiesen sei, „dafs einigermaafsen zahlreiche schlecht vorgebildete Zuhörer den akademischen Vortrag und ganz besonders die praktischen Uebungen sehr erheblich herabdrücken, indem sie den Lehrer zwingen, zu ihrem niedrigeren Standpunkte hinabzusteigen und dadurch die besser befähigten Zuhörer zu schädigen." Als Bekämpfer „der unnatürlichen und verderblichen Spaltung unserer Bildung in eine humanistische und naturwissenschaftliche, die weder in der Natur der Sache begründet noch mit einer gesunden Entwicklung unseres Volks verträglich ist", befürwortet er „nur *eine* Art von Vorbildungsanstalten für akademische Studien, das Gymnasium der Zukunft, dessen Aufgabe es ist, seine Zöglinge zum Studium jedweder Wissenschaft zu befähigen." Doch wie jetzt die Verhältnisse unserer Vorbildungsschulen liegen, würde es unrecht sein, einem Besitzer eines Maturitätszeugnisses einer Realschule erster Ordnung die Zulassung zum Doctorexamen in Naturwissenschaften zu versagen. Der betreffende Mann wird freilich sein Leben lang an einer gewissen Einseitigkeit leiden, die man vielleicht beanstanden könnte, wenn er ein Lehramt beanspru-

---

*) In der S. 6 angeführten Schrift S. 30 u. 34.

chen sollte. Die Naturwissenschaften und die Mathematik gewähren als Unterrichtsgegenstände nicht nur nützliche Kenntnisse, sondern sind auch vorzüglich befähigt, die Beobachtung zu schärfen und die Urtheilskraft auszubilden, also auch als formales Bildungsmittel zu dienen. Defshalb darf man die Maturitas einer Realschule erster Ordnung für eine genügende Vorbedingung für Erwerbung des Doctorgrades in Naturwissenschaften wohl gelten lassen, wenn auch*) die neueren Sprachen wegen ihrer Starrheit und Formenarmuth als formales Bildungsmittel die alten Sprachen, die sich dem Zusammenhang der Gedanken so eng anzuschmiegen vermögen, bei weitem nicht erreichen können. Sollte aber ein Doctorand nicht einmal im Stande sein, gebotenen Falls das Maturitätsexamen auf einer Realschule erster Ordnung *nachzumachen*, so gebührt ihm sicherlich auch nicht der Doctortitel für seine naturwissenschaftlichen Leistungen. Diefs mögen auch die Gesichtspunkte gewesen sein, wefshalb meines Wissens anfangs der 1860er Jahre gelegentlich der Verschärfung der Promotionsbedingungen H. Kopp, zweiter Ordinarius für Chemie und Mitexaminator, gerade in Rücksicht auf die Chemiker darauf drang, ein Maturitätszeugnifs von dem Doctoranden zu verlangen. Die offen gehaltenen Dispensationen waren nur für ganz vereinzelte Ausnahmen vorgesehen. Sie wurden daher auch, nachdem

---

*) Nach Lothar Meyer, in der S. 6 angeführten Schrift S. 36 u. 37.

die früheren Bestimmungen ihre Geltung gänzlich verloren hatten, einige Zeit nach dem Weggang Kopp's zunächst nur in seltenen Fällen versucht. Aber l'appétit vient en mangeant. Der gewünschte Erfolg der Dispensationsgesuche trug ganz erstaunlich zur Mehrung der letzteren bei, auch in Fällen, wo kaum von ordentlicher Elementarschulbildung geschweige denn von genügender der Maturität gleichwerthiger allgemeiner Bildung die Rede sein konnte. So kam der Sinn der ursprünglichen Bestimmung, wonach *gerade auch die Chemiker ihre Maturitas nachweisen sollten*, durch die Dispensationen von Fall zu Fall ganz abhanden. Würde man weislich daran festgehalten haben, so würden nicht unter Mitwirkung der nachfolgend geschilderten Mifsstände so viele Chemiker das Diplom davongetragen haben, die wenig geeignet waren, demselben besondere Ehre zu machen.

5. Schäden des seitherigen und des geplanten Giessener Verfahrens.

Trotz der verhältnifsmäfsig grofsen Zahl von chemischen Doctoren, welche in den letzten Jahren hier in Giefsen promovirt wurden, sind kaum einige nennenswerthe Arbeiten derselben aus hiesigem Laboratorium hervorgegangen. Es wirft diefs allein schon nach den auf S. 7 gegebenen Darlegungen ein sehr zweifelhaftes Licht auf die Befähigung der Inhaber der ausgetheilten Diplome. Aufserdem aber mufs ich offen erklären, dafs die Art der öffentlichen mündlichen Prüfung in Chemie seither keine Gewähr für eine dem heutigen Stand der Wissenschaft entsprechende Durchbildung bieten konnte. Leute mit äufserst dürftigen abgerissenen Kenntnissen, welchen die Einsicht in den inneren Zusammenhang der chemischen Thatsachen, also das eigentlich wissenschaftliche Verständnifs der Erscheinungen abging, konnten die Doctorprüfung bestehen und nicht einmal mit der untersten Note.

Die Mifsstände dieses seitherigen Verfahrens der Promovirung von Leuten mit ungenügender allgemeiner Vorbildung und mit unzureichender fachwissenschaftlicher Durchbildung würden durch Bestätigung der von der Senatsmajorität vorgeschlagenen Abänderung der Promotionsbedingungen *sich noch ganz erheblich steigern*. Der bedingungslose Wegfall der vorgängigen Maturitätsprüfung berührt ja bekanntlich vorwiegend die vormaligen Apotheker. Diesen wird dadurch Veranlassung gegeben, noch einige Semester weiter das chemische Laboratorium, Uebungen und Vorlesungen zu besuchen, um schliefslich mit dem Doctor rerum naturalium geziert zu werden. Es darf hierin ein grofses Unrecht gerade gegen die auf geringe Leistungen hin mit äufserem Erfolg durch das Doctorexamen gegangenen Candidaten selbst erblickt werden.

Je weniger ein Chemiker gelernt hat, um so mehr gebricht es ihm an einem eigenen zutreffenden Urtheil darüber, wie es mit ihm bestellt sein sollte, um die Verhältnisse der chemischen Technik wirklich beherrschen zu können. Er ist nur zu leicht geneigt, in dem von Professoren ertheilten Zeugniſs über die bestandene Prüfung eine gewisse Bürgschaft für eine wünschenswerthe Laufbahn zu erblicken. Eine rosige Zukunft wird ihm in den seltensten Fällen blühen, wie die nachfolgende Schilderung Erlenmeyer's*) erkennen läſst : „Gestatten Sie mir zunächst, das Schicksal der jungen Männer zu verfolgen, die sich damit begnügten, sich in der qualitativen und quantitativen Analyse ausgebildet zu haben. In Wirklichkeit waren sie nur Analytiker, aber sie hielten sich für fertige Chemiker, für befähigt, eine Technikerstelle in einer chemischen Fabrik ebensowohl wie eine Lehrerstelle an einer Gewerbschule u. s. w. auszufüllen; denn sie wurden mit einem glänzenden Zeugniſs oder mit dem Doctordiplom aus dem Laboratorium entlassen. Viele von diesen Chemikern sind in der Heimath oder in fernen Welttheilen zu Grunde gegangen, manche haben sich noch zur rechten Zeit einen andern Beruf gewählt, nur wenige vermochten sich mit groſser Anstrengung über Wasser zu halten, indem sie als Techniker oder Lehrer erst etwas lernten. Das waren in der That traurige Zustände, die noch um so nachtheiliger wirkten, als sich in dem Publikum die Ansicht verbreitet hatte, es gebe nichts Leichteres und Einfacheres als das Studium der Chemie, ja es

---

*) In der S. 4 angeführten Akademie-Rede S. 14.

wurde förmlich zur ultima spes für alle die, welche zu anderen Studien nicht fähig waren."

Erwähnt sei noch die üble Concurrenz, welche ungenügend ausgebildete Doctoren wirklich tüchtigen Männern immerhin, wenn auch meistens nur vorübergehend, machen können, und das grofse Unheil, welches sie in etwa erlangten Lehrstellen, wenigstens eine Zeit lang, anrichten werden.

6. Voraussichtliche Gestaltung der Giessener Verhältnisse.

Wir nehmen an, dafs in Zukunft die Ertheilung des Doctorgrades an Chemiker neben sonstigen mehr formellen Bedingungen wesentlich an folgende Voraussetzungen geknüpft sein werde :

a. Ein absolvirtes Maturitätsexamen, mindestens einer Realschule erster Ordnung.

b. Eine gedruckte Dissertation mit dem Namen des gutheifsenden Referenten.

c. Eine öffentliche mündliche Prüfung in Chemie, Physik und einem weiteren zu wählenden Nebenfache, am besten in Mineralogie, welche nach der von Seiten der ganzen philosophischen Fakultät ertheilten Zulassung von einer nicht zu geringen Anzahl von Examinatoren abgehalten wird und in welcher *das Urtheil des Vertreters eines Faches nicht durch die Majorität der Vertreter der anderen Fächer vernichtet werden darf.*

Wie würden sich dann die Verhältnisse gestalten? Die gesteigerten Anforderungen würden naturgemäfs eine gröfsere Tüchtigkeit der Promovenden bedingen, damit aber auch zunächst einige Verringerung der Zahl derselben und der Studirenden überhaupt. Durch diesen Ausfall würde die Thätigkeit der Lehrer sich um so erfolgreicher den gut vorgebildeten, begabten und strebsamen Schülern zuwenden können. Die als Dissertationen aus den Laboratorien hervorgehenden Arbeiten würden deren wissenschaftliches Ansehen heben und dadurch unzweifelhaft mit der Zeit eine Wiederzunahme der Schülerzahl nach erstem Rückschlag zur Folge haben. Natürlich ist dabei eine sorgfältige Ueberwachung der Untersuchungen vorausgesetzt, damit nicht durch nachfolgenden öfteren Nachweis von Irrthümern und Unrichtigkeiten das Vertrauen in die Zuverlässigkeit der Beobachtungen geschädigt werde. Allmählich könnten so die Inhaber von Universitätsdoctordiplomen wieder zu entsprechendem Ansehen und gleicher Berücksichtigung bei Anstellungen gelangen, wie man sie jetzt zur Beschämung mancher Universitäten gerne denjenigen Technikern unbedenklich gewährt, welche das sogenannte Diplomexamen der polytechnischen Schulen bestanden haben.

Die Gesammtsumme der Leistungen in den naturwissenschaftlichen Fächern und insbesondere in der Chemie, welche sich darstellt als das Product der Zahl der Schüler und der mittleren Leistung des einzelnen, würde sich trotz Abnahme des einen Faktors voraussichtlich günstiger gestalten durch das Wachsen des anderen Faktors, nämlich durch *die erhöhte Leistung der Studirenden.* Und hierin mufs der Docent den eigentlichen Segen seiner Wirksamkeit erblicken, einen mehr als vollen Ersatz für etwaige materielle Schädigung durch Abnahme der Schülerzahl. Gewifs kann kaum etwas in höherem Grade die innere Befriedigung mehren, als das beruhigende Bewufstsein, keine äufseren Vortheile von Schülern gezogen zu haben, die man nachher in einer für den Kampf um's Dasein unzulänglichen wissenschaftlichen Ausrüstung einem sehr ungewissen, oder vielmehr nach S. 16 häufig nur zu wahrscheinlichen Schicksal preisgibt, das sich nun einmal nicht durch ein schön ausgestattetes Doctordiplom bestimmen läfst.

Druck von Wilhelm Keller in Giefsen.